小山的中国地理探险日志

U0166557

蔡峰 —— 编绘　栗河冰 —— 主审

高山丘陵

上卷

电子工业出版社

Publishing House of Electronics Industry

北京·BEIJING

图书在版编目（CIP）数据

小山的中国地理探险日志. 高山丘陵. 上卷 / 蔡峰编绘. –– 北京：电子工业出版社，2021.8
ISBN 978–7–121–41503–6

Ⅰ.①小… Ⅱ.①蔡… Ⅲ.①自然地理 – 中国 – 青少年读物 Ⅳ.①P942-49

中国版本图书馆CIP数据核字（2021）第128685号

责任编辑：季　萌
印　　刷：天津市银博印刷集团有限公司
装　　订：天津市银博印刷集团有限公司
出版发行：电子工业出版社
　　　　　北京市海淀区万寿路173信箱　邮编：100036
开　　本：889×1194　1/16　印张：36.25　字数：371.7千字
版　　次：2021年8月第1版
印　　次：2024年11月第8次印刷
定　　价：260.00元（全12册）

凡所购买电子工业出版社图书有缺损问题，请向购买书店调换。若书店售缺，请与本社发行
部联系，联系及邮购电话：（010）88254888，88258888。
质量投诉请发邮件至zlts@phei.com.cn，盗版侵权举报请发邮件至dbqq@phei.com.cn。
本书咨询联系方式：（010）88254161转1860，jimeng@phei.com.cn。

高山丘陵

中国的山脉众多，形成了许多山系，著名的有喜马拉雅山、太行山等，众多高大雄伟的山脉按照不同走向构成了中国地形的"骨架"。丘陵地区往往由于山前地下水与地表水由山地供给而水量丰富，自古就是人类依山傍水，放牧、农耕的重要栖息之地。在这本书中，小山先生将翻山越岭，领略中国名山和丘陵的别致风景。

现在，就跟小山先生一起出发吧！

目 录

3

在亚洲的青藏高原南巅边缘，有世界海拔最高的山脉——喜马拉雅山脉。

东西长约 2500 千米，南北宽 200~300 千米，横跨印度、尼泊尔、不丹、中国及巴基斯坦五个国家，主要部分在中国和尼泊尔边界处。

喜马拉雅山脉平均海拔在 6000 米以上，有海拔 7000 米以上的高峰 50 余座，8000 米以上的高峰 10 座，山峰终年被冰雪覆盖。

其最高峰，也是地球上的第一高峰是……

珠穆朗玛峰

　　珠穆朗玛峰位于喜马拉雅山脉中段，简称珠峰，或称圣母峰，既是喜马拉雅山脉的主峰，也是地球上的第一高峰。2020 年，中国与尼泊尔两国共同宣布，珠穆朗玛峰的最新高程为 8848.86 米。

巨型金字塔

珠峰山体呈巨型金字塔状。雪线高度北坡为5800～6200米，南坡为5500～6100米。东北山脊、东南山脊和西山山脊中间夹着三大陡壁（北壁、东壁和西南壁），其间分布548条大陆型冰川，总面积1457.07平方千米，平均厚度达7260米。

冰川的补给

冰川的补给主要靠印度洋季风带两大降水带积雪变质形成。冰川上有冰塔林、冰陡崖、明暗冰裂隙和冰崩雪崩区。

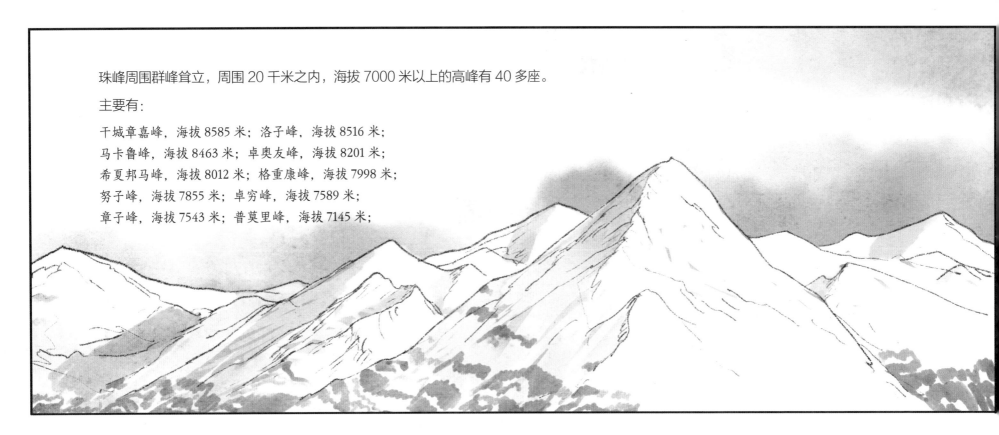

珠峰周围群峰耸立，周围 20 千米之内，海拔 7000 米以上的高峰有 40 多座。

主要有：

干城章嘉峰，海拔 8585 米；洛子峰，海拔 8516 米；

马卡鲁峰，海拔 8463 米；卓奥友峰，海拔 8201 米；

希夏邦马峰，海拔 8012 米；格重康峰，海拔 7998 米；

努子峰，海拔 7855 米；卓穷峰，海拔 7589 米；

章子峰，海拔 7543 米；普莫里峰，海拔 7145 米；

🏔 从海底"长"出来的山

　　喜马拉雅山脉一带原是一片海洋，在漫长的地质年代里，从陆地上冲刷来大量的碎石和泥沙，堆积成山，形成了厚达 3 万米以上的海相沉积岩层。随后，由于强烈的造山运动，喜马拉雅山脉地区受到挤压而猛烈抬升。

受挤压而抬升的喜马拉雅山脉和青藏高原

印度板块和亚洲板块以每年 5.08 厘米的速度互相挤压，致使整个喜马拉雅山脉仍在不断上升。作为典型的断块上升山峰，珠峰每年也增高约 1.27 厘米。

珠穆朗玛峰高大巍峨的形象在全世界产生着影响，高耸入云的珠穆朗玛峰成为人类证明攀登能力的挑战圣地。

自 1953 年 5 月 29 日人类首次登峰成功之后，已有 4000 多人成功登顶，而途中不幸丧生者超过 300 人，登顶死亡率 8% ~ 9%。

登顶珠峰的难度极高，然而它还不是最可怕的。

在世界上还有一处攀爬难度更高的山峰。

其海拔高度虽然不如珠穆朗玛峰，但危险系数远高于珠峰。

它就是位于中国与巴基斯坦边界，喀喇昆仑山脉上的……

K2！

乔戈里峰

　　乔戈里峰是世界第二高峰，属于喀喇昆仑山脉，海拔 8611 米，仅次于珠穆朗玛峰，也是中国第二高峰。此峰有多种名称，中国方面的正式名称"乔戈里"为塔吉克语"高大雄伟"之意。登山者通称乔戈里峰为 K2。因位置偏远、山势陡峭，乔戈里峰通常被认为是最难攀登的 8000 米以上的高峰之一。

"K2"的来历

"K2"是乔戈里峰在国际上常用的名称，K 是喀喇昆仑山脉英文名的首字母，2 则代表它是喀喇昆仑山脉第二座被考察的山峰。1856年西方探险队首次考察此地区时，标出了喀喇昆仑山脉自西向东的 5 座主要山峰，各以 K1 至 K5 命名。

其余四座分别是"K1"玛夏布洛姆峰，"K3"布洛阿特峰，"K4"加舒尔布鲁木 II 峰，"K5"加舒尔布鲁木 I 峰。

世界上共有 14 座 8000 米以上的高峰，绵延数百千米的喀喇昆仑山脉就拥有 4 座。

乔戈里峰被登山界推崇为"雪山之王"。高达百丈的冰川雪峰、稀薄的空气、强烈的太阳辐射、强风和日温差，带来令人窒息的肃杀之气，冷峻孤傲，足以令人望而生畏。

乔戈里峰形同金字塔状，冰崖壁立，山势险峻。陡峭的坡壁上遍布雪崩的痕迹。北侧平均坡度达45度以上，是世界上8000米以上高峰垂直高差最大的山峰。

在中国青藏高原东南部边缘，喜马拉雅山脉东缘……

四川、云南两省西部，西藏自治区东部……

有一块南北走向的山脉群——

横断山脉。

它是喜马拉雅运动时期，欧亚板块与印度洋板块碰撞而形成的褶皱山脉。

青藏高原

因其山高谷深，山川并列，截断了东西向的山地和交通孔道，故被称为"横断山脉"。

四川盆地

横断山脉群

喜马拉雅山脉

在横断山脉群的大雪山中段，矗立着一座仅次于珠穆朗玛峰和乔戈里峰的中国第三大高山——贡嘎大雪山。

贡嘎山

　　贡嘎山，又称岷雅贡嘎，藏音"贡"为雪，"嘎"为白，意为洁白无瑕的雪峰。贡嘎山是横断山脉上的最高峰，海拔 7556 米。同时它也是四川省第一高峰，被人们称为"蜀山之王"。

登山圣地

与珠穆朗玛峰和乔戈里峰一样，贡嘎山也是国际上享有盛名的高山探险和登山圣地，但它的登顶难度远远大于前二者。

贡嘎山主峰

海螺沟大冰瀑

贡嘎山是现代冰川较完整的地区。区内有大型的冰川五条：海螺沟冰川、燕子沟冰川、磨子沟冰川、贡巴冰川和巴旺冰川。

其中，海螺沟冰川最低处海拔仅 2850 米，其冰瀑布高 1080 米，宽 1100 米，为中国已知的最大冰瀑布。

太壮观啦！

贡嘎山区是横断山脉中高峰集中区域，附近聚集了 20 余座海拔 6000 米以上的高峰。

在雪线以下，山谷和山坡被茂密的原始森林覆盖。森林中植物种类繁多，是野生高山动物和森林动物的乐园。

贡嘎山有四条主山脊：西北山脊、东北山脊、西南山脊和东南山脊。由于该地区岩层以花岗岩为主，加上长期冰蚀作用，狭窄的山脊犹如倾斜的刀刃，坡壁陡峭，岩石裸露，坡度多大于70度。

此外，贡嘎山还是世界上相对高差最大的山，达6200米。

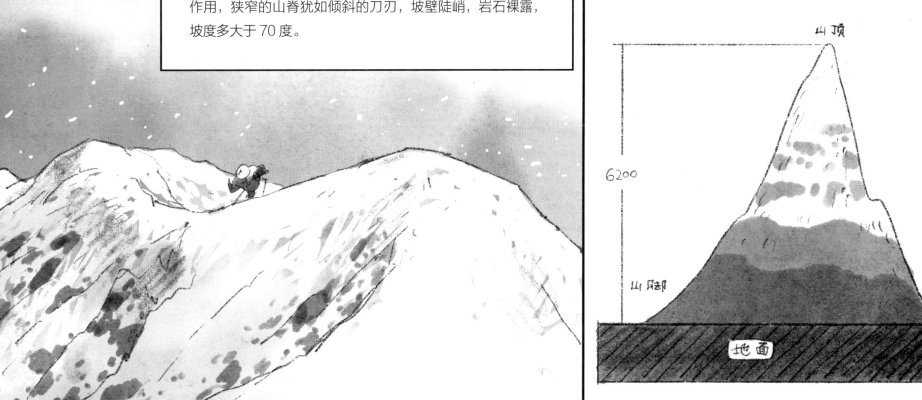

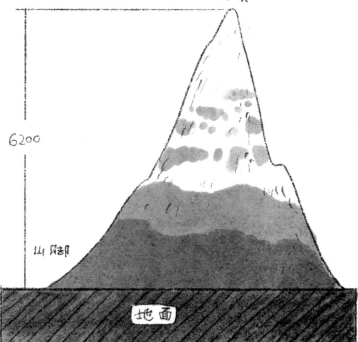

相对高差示意

山顶

6200

山脚

地面

在横断山脉间穿行……

来到云南和西藏交界处，这里有一座令人无比敬畏的雪山——

梅里雪山。

梅里雪山有 13 座高峰，在藏文经卷中，它们被奉为"修行于太子宫殿的神仙"。

特别是主峰卡瓦格博峰，被尊奉为"藏区八大神山之首"。

卡瓦格博峰

卡瓦格博峰是梅里雪山主峰，海拔6740米。该山在藏语中意为"白色雪山"。在当地僧俗大众的心目中，"卡瓦格博"既是主峰的名称，也是以主峰为首的一群山神的统称。

无人登顶的卡瓦格博峰

自 1987 年起，来自中国、日本、美国的登山队多次试图登顶卡瓦格博峰，均告失败。1991 年，有 17 名成员的中日联合登山队在海拔 5100 米的三号营地遇难。

2001 年，当地官方立法，禁止在这座因信仰和文化而被尊重的山进行登山活动。卡瓦格博峰将永远无人登顶。

卡瓦格博的名称来源十分古老，其起源与藏族古代的神山信仰有关，自古以来都深受藏民崇拜。

在当地藏民的心中，卡瓦格博峰是他们保护神的居住地。他们认为，人类一旦登上峰顶，神便会离他们而去。缺少了神的佑护，灾难就将降临。

对于登山者而言，卡瓦格博的"高不可攀"除了坡度陡和相对高差大等因素外，还与当地的气候密不可分。

梅里雪山的冰川属于海洋性冰川，南北走向的横断山脉像一条通道，来自印度洋的暖湿气流沿峡谷可以深入到梅里雪山中。

因此，冰川海拔较低的部位会随天气变暖迅速融化而失去牢固的支撑，高处的冰便会大片大片地下坠，更高处的冰也会受到影响而向下移动。

暖流

融雪

如此不断的运动变化使卡瓦格博峰的冰层非常不稳定，雪崩频发。

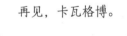
雪崩

海洋性冰川的不稳定特性无疑成为登山者难以登顶卡瓦格博峰的重要原因。

再见，卡瓦格博。

在甘肃省西部边缘与青海省界东北部，是由七条互相平行的山脉及其相夹的狭长谷地组成的祁连山脉。

祁连山脉长约800千米，其中的七条平行山脉宽200～400千米，冰川3306条，面积约2062平方千米。

七条平行山脉各自的最高峰都在海拔5153～5827米，高度相对平均。

祁连山脉以玉门市石油河为界，分为东、西两段。

东祁连山有走廊南山、冷龙岭和其支脉大黄山、马雅雪山等，地势西北高、东南低。

西祁连山有照壁山、陶勒山、疏勒南山、党河南山和赛什腾山等，地势南高北低。

最高峰是位于疏勒南山的团结峰。

团结峰

团结峰，当地人称岗则吾结峰，海拔 5827 米，是祁连山脉的最高峰，也是疏勒南山主峰。团结峰位于疏勒南山东南段，为疏勒河上游谷地与哈拉湖盆地两内流水系分水岭的最高点。地表被冰雪广泛覆盖，雪线位置高达 4400 米以上，有较大面积的现代冰川。

团结峰由多座海拔 5400 米以上的雪山组成，为冰川构造山体。

冰川，是地表上长期存在并能自行运动的天然冰体，由大气固体降水经多年积累而成，是地表重要的淡水资源。冰川的形成主要经历粒雪化和冰川冰两个阶段。新雪降落到地面后，经过一个消融季节未融化的雪叫粒雪。

大量粒雪在自重的作用下相互挤压，粒雪进一步密实或由融水渗浸再冻结，晶粒改变其大小和形态，出现定向增长，历经数年到数十年，形成了一种浅蓝色的物质——冰川冰。冰川冰受重力作用移动，最终诞生了冰川。

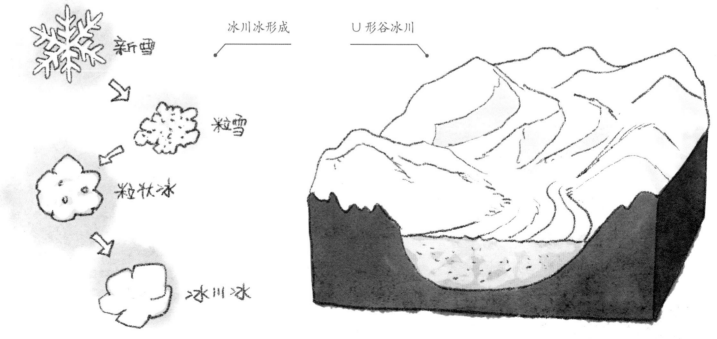

新雪

粒雪

粒状冰

冰川冰

冰川冰形成

U 形谷冰川

"现代冰川"是在第四纪以后形成的冰川。它有很多独特的形态呈现，如冰蘑菇、冰塔林、冰桥、冰针、冰芽，以及迷人的冰川湖泊、阴森可怕的冰隧道、绚丽壮观的冰水喷泉和幽静迷人的冰洞等。

冰塔林

冰桥

冰蘑菇

冰川是地球上最大的淡水资源，也是地球上继海洋之后最大的天然水库。

第四纪是新生代的一个纪，也是地质时代中最新的一个纪，它从约 260 万年前开始，一直延续至今。

秦岭，是横贯中国中部的一座褶皱山脉。

它西起甘肃，东至河南，主体位于陕西省中南部，呈东西走向，长 1600 千米。

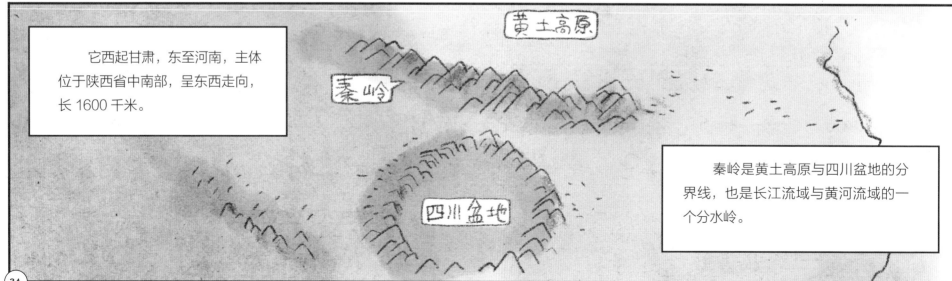

秦岭是黄土高原与四川盆地的分界线，也是长江流域与黄河流域的一个分水岭。

秦岭构造带是处于中朝古陆、扬子古陆之间的宏大纬向褶皱带，是昆仑山脉的延伸，位于亚欧板块内，属南亚陆间区与中轴大陆区交界的北缘，于海西运动时期形成。

秦岭南坡既长又和缓，沟长水远；北坡陡且峻，断层深谷密布，有"九州之险"之称。

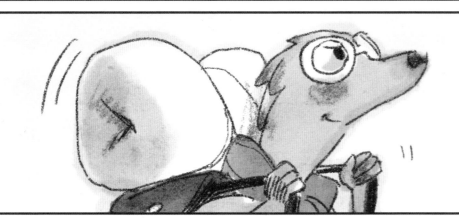

位于太白山上的拔仙台主峰，是秦岭的最高峰。

太白山拔仙台

　　太白山位于陕西省西南部眉县、太白县和周至县交界处，主峰拔仙台在太白县境内东部，海拔3771.2米，气候寒冷，积雪期长达8～9个月，故有"太白积雪"一景，为关中八景之一。太白山是汉水和渭水的分水岭，拔仙台是中国大陆东部、陕西省的第一高峰。

🦕 世珍国宝独叶草

太白山自古以高寒、险奇、富饶、神秘的特点而闻名。世界上仅存的、中国独有的子遗植物——独叶草，在太白山得天独厚的环境中生长，在地球上如凤毛麟角，被视为"世珍国宝"。

🦕 野生动物的乐土

国家一级保护动物如大熊猫、金丝猴、羚牛，国家二级保护动物红腹角雉，国家三级类保护动物林麝、鬣羚、青羊、金钱豹、金鸡等，都在太白山上繁衍生息。

太白山千峰竞秀，万壑藏云。在海拔 2000 米以上的地方，可看到极其壮观的云海。

约 6 亿年前的震旦纪时，整个秦岭地区还是一片汪洋大海。当时这里地面凹陷下沉，海水不断变深，海相沉积发育，逐渐形成石灰岩、白云岩等，海底偶有零星岩浆喷发。

低山、中山、高山等地貌类型，界限清楚、特点各异，特别是第四纪冰川活动所雕琢的各种地貌形态保留完整，清晰可辨。

石灰岩

4 亿年前的加里东运动时，这里上升隆起，逐渐褶皱成山，形成太白山雏形。

拔仙台南北分布着两个冰斗湖、四个冰蚀湖，个个形态各异，在云山雾罩下显得格外神秘。